PROCÉDÉ

DE

CONDENSATION MIXTE

Par l'eau et par l'air

applicable

AUX MOTEURS DE LOCOMOTIVES ET AUTRES

(Brevets Charles Theryc)

PROCÉDÉ

CONDENSATION MIXTE

Par l'eau et par l'air

applicable

AUX MOTEURS DE LOCOMOTIVES ET AUTRES

(Brevets Charles Therye)

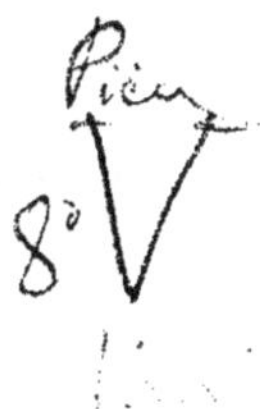

PROCÉDÉ DE CONDENSATION MIXTE
Par l'eau et par l'air

(Brevets Charles Theryc)

La condensation de la vapeur sur les locomotives présenterait de très grands avantages, mais Stephenson et après lui tous les Ingénieurs jusqu'à ce jour l'ont considérée comme impossible. Il n'y fallait songer ni au moyen de l'eau ni par celui de l'air employés isolément comme réfrigérants. (Rapport de M. Carcanagues, Ingénieur principal de la traction, sur les expériences d'aéro-condensation de la Cie P.-L.-M., *Annales des Mines*, 1896.)

Or cette condensation, impossible par l'eau et par l'air employés **séparément**, devient réalisable de façon simple et pratique par le nouveau procédé de **condensation mixte** par l'eau et par l'**air** (brevets Ch. THERYC), qui arrive, d'après expériences très concluantes, à condenser le kilo de vapeur au moyen d'**un seul kilo** au plus d'eau réfrigérante, soit 30 fois moins qu'avec les condenseurs actuels par surface.

Par ce procédé, une locomotive consommant 7 200 kilos de vapeur à l'heure, et emportant ses 15 à 16 tonnes d'eau réglementaires, effectuerait sa condensation totale, soit de 14 400 kilos de vapeur en deux heures, avec son seul approvisionnement du tender (en fait 13 tonnes suffiraient) (voir note 6, page 14), tandis qu'il faudrait plus de 400 tonnes d'eau pour obtenir un pareil résultat avec le mode actuel de condensation par surface.

Ce procédé consiste à réaliser la vaporisation de la provision d'eau dans le tender par la vapeur évacuée des cylindres et circulant à travers un faisceau tubulaire, aménagé dans ce tender, et *en abaissant par un moyen factice* (à 86° par exemple) le point d'ébullition de l'eau par l'insufflation d'une quantité d'air modérée, de façon à établir et maintenir un écart ou chute de température suffisante. Dans ces conditions, la vapeur est obligée d'abandonner et transmettre TOUTE sa chaleur latente à l'eau du tender qui se vaporise à son tour et est évacuée dans l'atmosphère.

L'eau réfrigérante agit ainsi comme intermédiaire ou volant de transmission de chaleur entre la vapeur à condenser et l'atmosphère. On réalise un déplacement, une translation de calorique d'un milieu où il est emmagasiné de façon gênante, dans un autre milieu adjacent et de même nature, d'où il s'échappe librement au grand avantage du nouveau procédé. Ce procédé est basé sur la loi du mélange des gaz qui détermine les proportions dans lesquelles un gaz insufflé dans un liquide chaud se sature de vapeur en formation.

Dans l'eau à 86°, cette vapeur naissante, incapable de s'échapper, se mélange avec l'air qu'on y insuffle sous pression suffisante, et est ainsi libérée, entraînée et évacuée dans l'atmosphère.

La tension de la vapeur dans de l'eau maintenue à 86° n'est que de 45 centimètres de mercure, par conséquent incapable de vaincre la pression atmosphérique. En insufflant de l'air dans ce liquide, on voit les bulles d'air grossir par leur mélange avec la vapeur en formation, et ces bulles venant crever à la surface devront théoriquement contenir $\frac{45}{76}$ de vapeur et $\frac{31}{76}$ d'air. D'après la loi du mélange des gaz, les poids respectifs de ces deux fluides seront de $45 \times 0,622$, rapport de densité moyen de la vapeur comparé à celle de l'air, $\times 1,3 = 36$ poids de vapeur environ contre $31 \times 1,3 = 40$ poids d'air.

On pourra donc éliminer $\frac{36}{40}$ soit $0^k,904$ de vapeur en insufflant dans la masse d'eau **un kilo** d'air, soit environ 0,770 mètre cube.

On verra par la note 1 et par le tableau extrait du procès-verbal des essais que les expériences de vaporisation ont confirmé de façon surprenante les calculs théoriques.

En maintenant à 86° la température de l'eau de condensation du tender, par une insufflation d'air facile à régler, la chute de température constante devient 108 — 86, soit 22° centigrades. Or, on sait qu'en chauffant par un courant de vapeur un liquide poussé à l'ébullition, la transmission de chaleur est 3 à 4 fois plus active que lorsque la même vapeur actionne un liquide non porté à l'ébullition. Le coefficient de condensation est ainsi équivalent à une chute de température de 22×3.5, soit de 77° sans ébullition.

Il s'ensuit que la surface du faisceau tubulaire installé dans le tender serait très acceptable (note 2, page 11).

La vapeur sortirait donc du faisceau tubulaire à 86°, et si on voulait la ramener à la chaudière, comme il va être indiqué ci-après, à 46° ou 40°, température à ne pas dépasser pour le bon fonctionnement des Giffard, on procéderait par aéro-condensation.

L'aéro-condensation reconnue impossible pour éliminer par kilo de vapeur 600 calories, d'après les expériences de la Compagnie P.-L.-M., n'offrirait aucune difficulté pour 40 à 46 calories, soit 15 fois moins.

A cet effet, la vapeur sortant à 86° du faisceau tubulaire serait directement envoyée dans un aéro-condenseur formé d'un faisceau tubulaire disposé sur les flancs ou au-dessus des réservoirs à eau du tender, traversé et refroidi par l'air déplacé par la vitesse du train, et de là se rendrait à un appareil de condensation ordinaire avec pompe à maintenir le vide.

L'échappement de vapeur par la cheminée étant supprimé, le tirage devra s'effectuer par un courant d'air envoyé au foyer au moyen d'un turbo-moteur, et notamment par une turbine-ventilateur de Laval qui fournira également l'air insufflé dans l'eau du tender.

Des turbines de Laval, d'une puissance supérieure à celle nécessaire pour le cas présent, fonctionnent déjà depuis plusieurs années, sur des locomotives allemandes, pour l'éclairage des trains par turbines-dynamos, et y occupent très peu de place.

Mais il est un autre avantage très important et résultant du nouveau procédé, c'est la faculté d'augmenter, dans de grandes proportions, la combustion actuelle de charbon par mètre carré de grille, et par suite la puissance des locomotives sans modifier les dimensions actuelles de leur foyer et de leur chaudière.

En augmentant seulement d'un sixième, soit de 83 kilos, le maximum actuel de 500 kilos brûlés par mètre carré de grille à l'heure, on augmenterait de 120 chevaux la vaporisation, et la puissance d'une locomotive de 720 chevaux, avec une dépense supplémentaire de ventilation de moins de 6 chevaux (note 7, page 15).

On verra par la même note que des expériences récentes ont démontré que le foyer et les chaudières supporteraient sans inconvénients un beaucoup plus grand excédent de chaleur et une vaporisation beaucoup plus intensive.

AVANTAGES DU NOUVEAU PROCÉDÉ

Ces avantages sont :

1° *Le bénéfice de la condensation* qui, grâce à une détente plus complète, représente une économie de 15 à 20 p. 100, ou bien une augmentation équivalente et gratuite de puissance, toutes les locomotives actuelles étant aptes à utiliser un pareil excédent de force.

2° *L'augmentation de combustion et de vaporisation* en accentuant la ventilation, ce qui permettrait d'augmenter encore de 15 à 20 p. 100 au moins la puissance des locomotives.

3° *Le renvoi à la chaudière de la vapeur condensée* constituant le retour et l'utilisation continus d'une eau épurée, de façon à supprimer le grave inconvénient des incrustations, si préjudiciable surtout autour du foyer.

Il est vrai que ce retour continu à la chaudière de la vapeur incessamment condensée présente un sérieux inconvénient, cette vapeur se chargeant de matières grasses en traversant les cylindres. Il y aurait donc à trouver un type de dégraisseur pratique, ce qui paraît très réalisable.

Toutefois, si on écarte ce dernier avantage, qui en fait est le moins important, on peut appliquer le bénéfice de la condensation et de l'augmentation de vaporisation des façons ci-après :

1° On attellerait à la suite du tender actuel un deuxième tender. Le premier serait installé de façon à vaporiser son approvisionnement d'eau et la vapeur serait évacuée sur la voie après condensation. La locomotive puiserait dans le deuxième tender son approvisionnement d'eau amené à la chaudière comme actuellement.

En fait, c'est un poids supplémentaire de 20 à 25 tonnes à

remorquer, ce qui serait très acceptable pour un train de voya-
geurs, et deviendrait négligeable pour des trains de marchandises
de 500 à 600 tonnes.

2° En outre l'application du nouveau système semble tout
indiquée pour les trains prenant leur provision d'eau en vitesse
d'après le procédé Ransbottom usité en Angleterre et en Amé-
rique.

ÉCONOMIE EMPLOYÉE EN AUGMENTATION
DE PUISSANCE

En comptant l'économie due à la condensation à raison de
0,16, une locomotive actuelle de 720 chevaux pourrait élever sa
puissance à $\frac{720}{0.84}$, soit 855 chevaux.

En outre en augmentant de $\frac{1}{6}$, soit 83^k,333, par le tirage à
ventilation, le maximum actuel de 500 kilos de charbon brûlé
par mètre carré de grille, on augmenterait encore de $\frac{1}{6}$ la puissance ci-dessus de 855 chevaux qui serait ainsi portée à 997 chevaux nets.

La dépense de ventilation 3 1 2 p. 100 indiquée note 5, page 13,
et celle nécessitée par le supplément de combustion, seraient
compensées d'une part par le chauffage de l'air envoyé au foyer
à travers un aéro-condenseur, et d'autre part par une large
réduction de l'insufflation au tender en adoptant le point d'ébullition à 90 ou 92° plus pratique que celui de 86°.

En résumé le nouveau procédé réalise :

1° Une réduction de 16 p. 100 sur la consommation de charbon à utiliser soit comme économie, soit préférablement comme
augmentation équivalente de puissance.

2° La faculté d'augmenter encore la puissance de la même
locomotive par un supplément de combustion, ce qui dans

l'exemple ci-dessus élève l'accroissement de force de $\dfrac{997 - 720}{720}$,
soit de 38 pour 100 pour une chaudière de 720 chevaux, rendement qui pourrait être encore dépassé.

Ce deuxième avantage est d'extrême importance, car il permettrait d'augmenter à peu de frais la puissance de *toutes* les
locomotives existantes dans l'assez large limite que leur méca-
nisme peut généralement utiliser.

CONDENSEUR INDUSTRIEL

Enfin, le nouveau procédé constituerait un condenseur indus-
triel d'une grande simplicité et de dimensions très réduites pour
les machines industrielles. Il serait notamment précieux pour
l'intérieur des grandes villes ou pour les localités où l'eau est
chère ou peu abondante.

Charles Theryc,
Membre de la Société des Ingénieurs civils de France.

Note 1. — *Vaporisation de l'approvisionnement d'eau du tender.*

Comme on vient de le voir, le procédé est basé sur l'ABAIS-
SEMENT FACTICE du point d'ébullition de l'eau par une insufflation d'air.

ÉBULLITION A 86 DEGRÉS. — A ce régime qui a été adopté
pour les essais pratiques, on voit par le procès-verbal des expériences (page 16) qu'**un kilo** d'air insufflé (0^{m3},770) a libéré et
entraîné en moyenne 1076 grammes de vapeur en formation
latente dans l'eau à cette température, mais incapable de se dé-
gager elle-même sous la pression atmosphérique. D'après la loi
du mélange des gaz, qui est la base du procédé, le rendement
théorique devrait être, comme on l'a vu (page 5), de $\dfrac{36}{40}$, soit

904 grammes de vapeur en insufflant dans la masse d'eau **un kilo** d'air, soit $0^{m3},770$.

Or, les expériences ont démontré une vaporisation moyenne de 1076 grammes (1118 au maximum) au lieu de 904, soit un rendement supérieur de 20 p. 100 à la théorie. Cette anomalie apparente, reproduite constamment dans de nombreux essais, a été promptement expliquée en constatant que le simple brassage mécanique de l'eau, maintenue à 86°, sans insufflation d'air, donnait à lui seul 336 grammes de vapeur dus uniquement au brassage et à l'évaporation naturelle, soit 31 p. 100 sur 1 076. La part de vaporisation uniquement afférente à la saturation de l'air par la vapeur se réduit donc à 740 sur 1 076 grammes, et au lieu de 904 de la théorie, ce qui constitue un beau rendement de 83 p. 100, ayant même atteint 88 p. 100 des calculs théoriques.

Dans ces conditions, pour une locomotive consommant 7 200 kilos de vapeur à l'heure, et évacuant ainsi 2 kilos par seconde, il faudra insuffler dans l'eau du tender $\dfrac{0,770 \times 2}{1\,076}$, soit $1^{m3},430$ d'air par seconde; mais ce débit devra être sensiblement atténué, comme on le verra (note 3, page 12).

Note 2. — *Surface de condensation.*

Lorsqu'on chauffe par un courant de vapeur un liquide porté à l'ébullition, le coefficient Q de transmission de chaleur par mètre carré de surface, par degré de chute de température et par heure, est 3 à 4 fois plus grand qu'en chauffant de l'eau sans la porter à l'ébullition.

Les expériences de Thomas et Laurens ont démontré que dans ces conditions le coefficient pratique de transmission Q atteint 4671 calories avec de la vapeur à 135 degrés. M. Horsin-Déon a déterminé les règles précises de ce genre de transmission qui se résument dans une formule simple : « Le temps que met une vapeur à se condenser est proportionnel au volume de cette vapeur. » (*Bulletin des Ingénieurs civils*, octobre 1887.)

Actuellement, la vapeur d'une locomotive est évacuée dans l'atmosphère à 108°, soit environ $1^{\text{atm}},3$ de tension pour assurer un bon tirage.

A cette température, le volume de cette vapeur est de $1^{\text{m}3},312$ par kilo au lieu de $0^{\text{m}3},600$ à 135°. Le rendement de transmission serait donc de $\dfrac{1,312}{0,6} = 2,2$ fois moindre, soit $\dfrac{4671}{2,2} = 2\,122$ calories par mètre carré. Ce coefficient pratique et expérimental correspond à une ébullition naturelle. Or, on a vu (note 1) que le brassage provoqué par l'insufflation d'air augmente de 31 p. 100 la vaporisation à 86°, et, la translation de chaleur de molécule en molécule dans la vapeur devant correspondre à une plus grande activité et rapidité de vaporisation du liquide chauffé, on doit pouvoir compter que le coefficient augmenterait de ces 31 p. 100 et deviendrait 2800 au lieu de 2 122. Nous le réduirons à 2500 en pratique. Les 7 200 kilos de vapeur, évacués à l'heure des cylindres à environ 108°, contiendront encore 639 calories, et, en les ramenant par condensation à 86°, il faudra éliminer $639 - 86 = 553$ calories $\times\; 7\,200 = 3\,981\,600$ calories. La chute de température étant de $108 - 86$, soit 22 degrés, la surface de transmission nécessaire serait de $\dfrac{3\,981\,600}{22 \times 2\,500}$, soit 72 mètres carrés.

Note 3. — *Disposition du condenseur dans le tender.*

Le tender d'une locomotive consommant 7 200 kilos à l'heure porte 15 à 16 tonnes dans un coffre à eau disposé en forme d'U sur le pourtour, le milieu étant réservé au charbon, et ce coffre a une largeur de $0^{\text{m}},60$ sur $1^{\text{m}},50$ de hauteur.

Dans le fond du coffre à eau serait disposée une première rangée de tubes percés de trous par lesquels serait insufflé dans l'eau du tender l'air arrivant sous pression.

Immédiatement au-dessus serait installé un faisceau tubulaire dans lequel circulerait la vapeur amenée des cylindres.

A quelques centimètres au-dessus du niveau de l'eau admise et recouvrant juste les tubes de vaporisation serait disposée une première cloison, de façon à séparer le compartiment de vaporisation du réservoir d'eau situé au-dessus, et laissant un espace suffisant pour évacuer vers un tuyau de sortie la vapeur formée. L'arrivée d'eau du réservoir supérieur dans le compartiment de vaporisation serait réglée automatiquement, de façon à maintenir un niveau constant recouvrant juste la rangée supérieure de tubes.

Pour activer la vaporisation, on amènerait à la surface de cette eau en ébullition un courant d'air gratuit provenant de la marche du train. Cet air serait amené par deux conduits disposés sur le tender et munis de pavillons dans lesquels l'air s'engouffrerait. On allégerait ainsi la dépense d'insufflation en activant la vaporisation, et on peut estimer qu'on réduirait à 1 mètre cube l'insufflation d'air indiquée de $1^{m3},43$ dans la note 1.

Une seconde cloison serait disposée à faible distance au-dessus de la première et formerait le fond du réservoir supérieur d'eau, de façon à envoyer dans cet espace vide un courant d'air fourni par les conduits précités. Il importe en effet d'isoler ainsi le réservoir d'eau contre la chaleur du compartiment de vaporisation. Il faut en effet empêcher que cette chaleur ne vienne trop chauffer l'eau d'approvisionnement, car il faut que le mécanicien puisse reprendre, le cas échéant, la marche actuelle avec l'eau du tender et que par conséquent cette eau ne puisse, dans aucun cas, atteindre la température à laquelle le Giffard ne fonctionne plus convenablement.

NOTE 4. — *Tirage par ventilation.*

Le tirage actuel par échappement de vapeur étant supprimé, il sera effectué par un ventilateur. La locomotive de 7200 kilos de vapeur brûle 900 kilos de charbon à l'heure.

En comptant 13 kilos d'air pour une bonne combustion, il faut $\dfrac{900 \times 13}{3600} = 3^k,250$, soit $2^{m3},5$ d'air à fournir par seconde. Actuellement, l'air arrivant sous le cendrier, à raison de 20 mètres de vitesse moyenne, exerce sous la grille et la couche de charbon une pression de 5 centimètres d'eau, tandis que d'autre part l'échappement de vapeur produit une dépression moyenne de 15 centimètres dans la boite à fumée, ce qui démontre que le ventilateur devra refouler l'air au foyer avec une pression de 20 centimètres d'eau. La turbine-ventilateur de Laval, marchant à une pression minimum de 25 centimètres d'eau, et pouvant être établie de façon à fonctionner à 70 centimètres et même bien davantage, assurerait surabondamment le tirage.

Note 5. — *Depense de ventilation.*

On a vu (note 3) que le cube d'air insufflé dans l'eau du tender serait de 1 mètre cube, et que celui nécessaire à la combustion (note 4) serait de $2^{m3},5$, total $3^{m3},5$ par seconde, à fournir par le ventilateur. Une turbine-ventilateur de Laval de 5 chevaux fournit par seconde $0^{m3},900$ d'air à la pression de 25 centimètres; mais, l'air arrivant en vitesse au ventilateur avec 5 centimètres de pression, le débit de l'appareil augmentera d'un cinquième et devra atteindre $1^{m3},08$ au lieu de $0,900$. Pour $3^{m3},5$ il faudra dépenser $\dfrac{5 \times 3,500}{1,080}$, soit 16 chevaux de force.

La consommation d'une turbine de cette puissance, avec vapeur à 14 kilos de pression et avec condensation, étant garantie à raison de 16 kilos par cheval-heure, la dépense sera de $16^{ch} \times 16^k = 255$ kilos de vapeur, soit 3 1 2 p. 100 sur 7200 kilos de vapeur consommée.

Nota. — Mais il importe de remarquer que si on ne craint pas de compliquer l'installation en disposant à l'avant du ventilateur un aéro-condenseur de dimensions modérées et traversé par la vapeur se rendant des cylindres au tender, on enverrait au foyer de l'air chauffé constituant une économie approximativement équivalente aux 3 1/2 p. 100 de dépense de ventilation. On diminuerait en outre le poids d'eau nécessaire à la condensation et par suite le travail d'insufflation de façon appréciable.

Note 6. — *Poids d'eau nécessaire à la condensation.*

La vapeur, actuellement évacuée à 108°, contenant encore 639 calories et se condensant à 86°, il faudra enlever $639 - 86 = 553$ calories $\times 7200 = 3981600$ calories par la vaporisation de l'eau du tender supposée prise à 15°.

Cette eau absorbant $(86 - 15) + 537$ calories, soit 608, il faudra vaporiser $\dfrac{3981600}{608}$, soit 6500 kilos d'eau à l'heure ou 13 tonnes en deux heures de marche pour ramener 14400 kilos de vapeur à 86°. Par la condensation actuelle par surface, on élimine au plus 20 calories par kilo d'eau de circulation, et il faudrait 200 tonnes d'eau circulant à l'heure, soit 400 tonnes en deux heures, pour obtenir le même résultat, soit 30 fois plus que par le nouveau procédé.

Note 7. — *Augmentation de puissance de vaporisation.*

La combustion de 500 kilos de charbon par mètre carré de grille constitue le maximum réalisable par le tirage dû à l'échappement de vapeur, et, d'autre part, les dimensions et le gabarit des locomotives ne sauraient guère être dépassés. Avec le tirage par ventilateur, on pourra augmenter dans de larges proportions le coefficient de combustion et de vaporisation de leur foyer et de leur chaudière, et par conséquent la puissance d'une locomotive existante, sans rien y changer. Pour une locomotive de 720 chevaux, on réaliserait un supplément de puissance de

120 chevaux, en augmentant d'un sixième, soit de 83 kilos le régime de combustion, et la dépense afférente de ventilation serait de moins de 6 chevaux.

Il n'est pas à craindre que la chaudière ait à souffrir de l'augmentation de température et de vaporisation ainsi développées. Il résulte, en effet, de l'expérience de plusieurs mois sur une chaudière Babcock et Wilcox de 300 chevaux, sur laquelle était appliqué un procédé de combustion et de vaporisation intensives, dont M. Therye est co-titulaire et où la température dépassait 1600°, qu'on n'a constaté aucune trace d'altération sur cette chaudière.

Voir au verso.

Tableau extrait du Rapport de M. Coignard, chimiste à Paris.

NUMÉRO DE L'EXPÉRIENCE	Température de la chaudière	Température du bain-marie	Chute de la température	POIDS TOTAL DE L'EAU VAPORISÉE	Quantité d'eau vaporisée imputable à l'évaporation par la surface libre	Quantité d'eau vaporisée qui sature l'air insufflé (calculée par différence)	Volume d'air insufflé sous la pression de 12cm d'eau	POIDS D'AIR SEC A 0° et 760mm Insufflé	EAU VAPORISÉE par kilog. d'air insufflé — Totale	EAU VAPORISÉE par kilog. d'air insufflé — Par saturation de l'air	Quantité de vapeur à la température de l'expérience qui sature 1 kilog. d'air sec	Rap.t de la saturation observée à la saturation théorique	Nombre de calories enlevées par 1 kilog. d'eau dépensé au condenseur	Nombre de calories enlevées par 1 kilog. d'air	DURÉE DE L'EXPÉRIENCE
				grammes	grammes	grammes	litres	grammes	grammes	grammes	grammes		calories	calories	heures
I	98°	85°	13°	1298	»	»	1000	1304	995	»	»	»	617,4	614	1 »
II	98°	83°	15°	1037	»	»	1000	1304	795	»	»	»	616,8	490	0,57'
III	98°	86•°	12°	1459	423	1036	1000	1304	1118	795	904	0.88	617,7	690	1,19'
IV	98°	86°	12°	1305	435	870	1000	1304	1000	667	904	0,74	617,7	617,7	1,22'
V	98°	86°	12°	1450	461	989	1000	1304	1111	758	904	0,84	617,7	685	1,27'
VI	98°	87°	11°	1488	»	»	1000	1304	1141	»	»	»	618,0	704	1,24'
MOYENNES A 86°	98°	86°	12°	1404	439	965	1000	1304	1076	740	904	0,82	617,7	664	1,23'